大学物理练习册

项林川　主编

华中科技大学大学物理教学中心　编

华中科技大学出版社

中国·武汉

图书在版编目（CIP）数据

大学物理练习册 / 项林川主编；华中科技大学大学物理教学中心编. -- 武汉：华中科技大学出版社，2025. 1.
ISBN 978-7-5772-1541-9

Ⅰ. O4-44

中国国家版本馆 CIP 数据核字第 2024AU9318 号

大学物理练习册
Daxue Wuli Lianxice

项林川　主编
华中科技大学大学物理教学中心　　编

策划编辑：周芬娜　　陈舒淇
责任编辑：周芬娜
封面设计：原色设计
责任监印：周治超
出版发行：华中科技大学出版社（中国·武汉）　　电话：(027)81321913
　　　　　武汉市东湖新技术开发区华工科技园　　邮编：430223
录　　排：华中科技大学惠友文印部
印　　刷：武汉科源印刷设计有限公司
开　　本：889mm×1194mm　1/16
印　　张：7.25
字　　数：230 千字
版　　次：2025 年 1 月第 1 版第 1 次印刷
定　　价：28.00 元

1-T1　一质点在 xOy 平面上运动,运动方程为 $x=3t+5$, $y=\dfrac{1}{2}t^2+3t-4$,式中物理量用国际单位,即 t 的单位用 s,x、y 的单位用 m。求:(1)质点运动的轨迹方程;(2)质点位置矢量的表达式;(3)从 $t_1=1$ s 到 $t_2=2$ s 的位移;(4)速度的表达式;(5)加速度的表达式。

1-T2　一质点在 xOy 平面上运动,其加速度 $\boldsymbol{a}=5t^2\boldsymbol{i}+3\boldsymbol{j}$。已知 $t=0$ 时,质点静止于坐标原点,求在任一时刻该质点的速度、位置矢量、运动方程和轨迹方程。

1-T3　一物体沿 x 轴作直线运动,加速度为 $a=-kv^2$,k 是大于零的常量,在 $t=0$ 时,$v=v_0$,$x=0$。求物体速度随坐标变化的规律。

1-T4 一质点沿半径 $R=2$ m 的圆周运动，其速率 $v=KRt^2$ $(\mathrm{m \cdot s^{-1}})$，$K$ 为常量，已知第 2 秒的速率为 32 $\mathrm{m \cdot s^{-1}}$，求 $t=0.5$ s 时质点的速度和加速度的大小。

1-T5 一架飞机在静止空气中的速率为 $v_1=135$ $\mathrm{km \cdot h^{-1}}$。在刮风天气下，飞机以 $v_2=135$ $\mathrm{km \cdot h^{-1}}$ 的速率向正北方向飞行，机头指向北偏东 $30\,^\circ$。请协助驾驶员判断风向和风速。

2-T1　一物体由静止下落,所受阻力与速度成正比,即 $F=-kv$,求任一时刻的速度和最终速度。

2-T2　某质点质量 $m=2.00$ kg,沿 x 轴作直线运动,所受外力为 $F=10+6x^2$(SI 制)。若在 $x_0=0$ 处,速度 $v_0=0$,请根据牛顿第二定律求该物体移到 $x=4.0$ m 处时速度的大小。

2-T3　将质量为 m 的物体以初速度 v_0 竖直上抛。设空气的阻力大小正比于物体的速度,比例系数为 k。求:(1)任一时刻物体的速度;(2)物体能达到的最大高度。

2-T4　快艇以速率 v_0 行驶，它受到的摩擦阻力与速率的平方成正比，比例系数为 k，设快艇的质量为 m。求当快艇发动机关闭后：(1)速度随时间变化的规律；(2)路程随时间变化的规律；(3)速度随路程变化的规律。

2-T5　在水平直轨道上有一车厢以加速度 a 行进，在车厢中看到有一质量为 m 的小球静止地悬挂在顶板下。试以车厢为参考系，求出悬线与竖直方向的夹角。

2-T6　如图所示，一根绳子跨过电梯内的定滑轮，两端悬挂质量不等的物体，$m_1 > m_2$，滑轮和绳子的质量忽略不计。求当电梯以加速度 a 上升时，绳子的张力 T 和 m_1 相对于电梯的加速度 a_r。

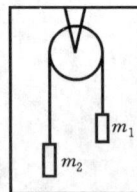

2-T7　一颗子弹由枪口飞出的速度是 $300\ \mathrm{m \cdot s^{-1}}$，在枪管内子弹受的合力由式 $F=600-2 \times 10^5 t$ 给出，其中，F 以 N 为单位，t 以 s 为单位。假定子弹到枪口时所受的力变为零，(1)计算子弹行经枪管长度所需的时间；(2)求该力的冲量；(3)求子弹的质量。

2-T8　水管有一段弯曲成 $90°$，已知管中水的流量为 $3 \times 10^3\ \mathrm{kg \cdot s^{-1}}$，流速为 $10\ \mathrm{m \cdot s^{-1}}$，求水流对此弯管的压力的大小和方向。

2-T9　如图所示，用传送带 A 输送煤粉，料斗口在 A 上方高 $h=0.5\ \mathrm{m}$ 处，煤粉自料斗口自由落在 A 上。设料斗口连续卸煤的流量为 $q_m=40\ \mathrm{kg \cdot s^{-1}}$，A 以 $v=2.0\ \mathrm{m \cdot s^{-1}}$ 的水平速度匀速向右移动。求装煤的过程中，煤粉对 A 的作用力的大小和方向。（不计相对传送带静止的煤粉质量。）

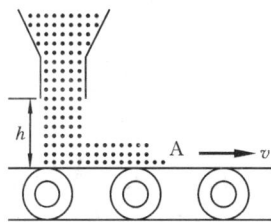

2-T10 水平桌面上盘放着一根不能拉伸的均匀柔软的长绳。今用手将绳的一端以恒定速度 v_0 竖直上提，试求当提起的绳长为 $l(l$ 小于绳子的总长度$)$时，手的提力 F 的大小。(设此绳单位长度的质量为 λ。)

2-T11 我国第一颗人造卫星绕地球沿椭圆轨道运动，地球的中心 O 为该椭圆的一个焦点，如图所示，已知地球的平均半径 $R=6378\text{ km}$，人造卫星距地面最近距离 $l_1=439\text{ km}$，最远距离 $l_2=2384\text{ km}$，若人造卫星在近地点 A_1 的速度 $v_1=8.10\text{ km}\cdot\text{s}^{-1}$，求人造卫星在远地点 A_2 的速度。

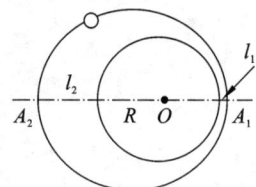

2-T12 对功的概念有以下几种说法：

(1)保守力做正功时,系统内相应的势能增加；

(2)质点运动经一闭合路径,保守力对质点做的功为零；

(3)作用力和反作用力大小相等、方向相反,所以两者所做功的代数和必为零。

在上述说法中：

(A) (1)、(2)是正确的　　　　　　(B) (2)、(3)是正确的

(C) 只有(2)是正确的　　　　　　(D) 只有(3)是正确的

答案〔　　　〕

理由：

2-T13 设一质点在力 $F=4i+3j$ 的作用下,由原点运动到终点 $x=8$ m, $y=6$ m 处。(1)如果质点沿直线从原点运动到终点,力所做的功是多少？(2)如果质点先沿 x 轴从原点运动到 $x=8$ m, $y=0$ 处,然后再沿平行于 y 轴的路径运动到终点,力在每段路程上所做的功以及总功为多少？(3)如果质点先沿 y 轴运动到 $x=0$, $y=6$ m 处,然后再沿平行于 x 轴的路径运动到终点,力在每段路程上所做的功以及总功为多少？(4)比较上述结果,说明这个力是保守力还是非保守力。

2-T14 一质量为 m 的质点作平面运动,其位矢为 $r=a\cos(\omega t)i+b\sin(\omega t)j$,式中,$a$、$b$ 为正值常量,且 $a>b$。问：(1)质点在点 $A(a,0)$ 和点 $B(0,b)$ 时的动能有多大？(2)质点所受作用力 F 是怎样的？当质点从点 A 运动到点 B 时,F 的分力 $F_x i$ 和 $F_y j$ 所做的功为多少？(3)F 是保守力吗？为什么？

2-T15　如图所示，将一质点沿一个半径为 r 的光滑半球形碗内面水平地投射，碗保持静止，设 v_0 是质点恰好能达到碗口所需的初速率，试求出 v_0 作为 θ_0 的函数的表达式。θ_0 是用角度表示的质点的初位置。（提示：应用角动量守恒定律和机械能守恒定律求解。）

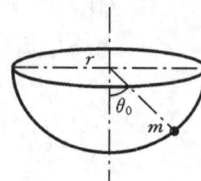

2-T16　如图所示，一飞船环绕某星体作圆轨道运动，半径为 R_0，速率为 v_0。要使飞船从此圆轨道变成近距离为 R_0、远距离为 $3R_0$ 的椭圆轨道，则飞船的速率 v 应变为多大？

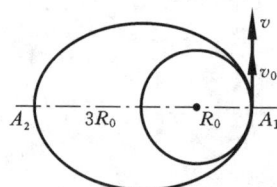

3-T1　一轮子从静止开始加速,它的角速度在 6 s 内均匀增加到 200 r·min^{-1},以这个速度转动一段时间之后,使用了制动装置,再过 5 min 轮子停止。若轮子的转数为 3100,试计算总的转动时间。

3-T2　一物体由静止(在 $t=0$ 时,$\theta=0$ 和 $\omega=0$)按照方程 $\alpha=120t^2-48t+16$ 的规律被加速于一半径为 1.3 m的圆形路径上。求:(1)物体的角速度和角位置关于时间的函数;(2)物体的加速度的切向分量和法向分量。

3-T3　如图所示,一个质量为 m 的物体与绕在定滑轮上的绳子相连,绳子质量可以忽略,它与定滑轮之间无滑动。假设定滑轮质量为 M、半径为 R,其转动惯量为 $\frac{1}{2}MR^2$,滑轮轴光滑。试求该物体由静止开始下落的过程中,下落速度与时间的关系。

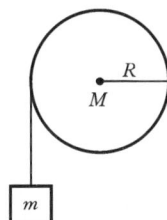

3-T4 有一飞轮,其轴呈水平方向,轴半径 $r=2.00$ cm,其上绕有一根细长的绳。在其自由端先系以一质量 $m=20.0$ g 的轻物,使此物能匀速下降,然后改系以一质量 $M=5.00$ kg 的重物,则此物从静止开始,经过 $t=10.0$ s 时间,共下降了 $h=40.0$ cm。忽略绳的质量和空气阻力,并设重力加速度 $g=980$ cm·s^{-2}。求:(1)飞轮主轴与轴承之间的摩擦力矩的大小;(2)飞轮转动惯量的大小;(3)绳上张力的大小。

3-T5 一轻绳跨过两个质量均为 m、半径均为 r 的均匀圆盘状定滑轮,绳的两端分别挂着质量为 m 和 $2m$ 的重物,如图所示。绳与滑轮间无相对滑动,滑轮轴光滑。两个定滑轮的转动惯量均为 $\frac{1}{2}mr^2$。将由两个定滑轮以及质量为 m 和 $2m$ 的重物组成的系统从静止释放,求两滑轮之间绳内的张力。

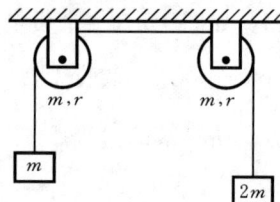

3-T6　一个平台以 1.0 rad·s⁻¹ 的角速度绕通过其中心且与台面垂直的光滑竖直轴转动。这时，有一人站在平台中心，其两臂伸平，且在每一手中拿着质量相等的重物。人、平台与重物的总转动惯量为 6.0 kg·m²。设当他的两臂下垂时，转动惯量减小到 2.0 kg·m²。问：(1)这时转台的角速度为多大？(2)转动动能增加多少？

3-T7　如图所示，一质量为 m、长度为 l 的匀质细杆，可绕通过其一端且与杆垂直的水平轴 O 转动，细杆对端点转轴的转动惯量 $J = \frac{1}{3}ml^2$。若将此杆水平横放时由静止释放，求当杆转到与铅直方向成 30°角时的角速度。

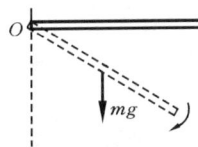

3-T8　在自由旋转的水平圆盘边上，站一质量为 m 的人。圆盘的半径为 R，转动惯量为 J，角速度为 ω。如果这人由盘边缘走到盘心，求角速度的变化及此系统动能的变化。

3-T9　一条长 $l=0.4$ m 的均匀木棒，其质量 $M=1.0$ kg，可绕水平轴 O 在铅垂面内转动，开始时棒自然地铅直悬垂，有质量 $m=8$ g 的子弹以 $v=200$ m·s^{-1} 的速率从 A 点射入棒中，假定 A 点与 O 点的距离为 $\dfrac{3}{4}l$，如图所示。求：(1)棒开始转动时的角速度；(2)棒的最大偏转角。

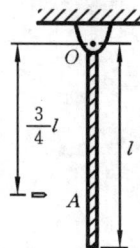

3-T10　如图所示，一质量为 M、长为 l 的均匀细杆，以 O 点为轴，从静止在与竖直方向成 θ_0 角处自由下摆，到竖直位置时，与光滑桌面上一质量为 m 的静止物体（可视为质点）发生弹性碰撞。求碰撞后细杆的角速度 ω_M 和物体的线速度 v_m。

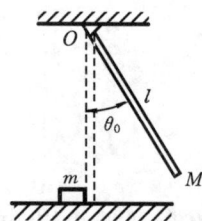

4-T1　假设水在不均匀的水平管道中做定常流动。已知出口处截面积是管中最细处截面积的 3 倍，出口处的流速为 2.0 m·s⁻¹，求最细处的流速和压强各为多少。若在最细处开一小孔，请判断水是否能够流出来。

4-T2　水从一截面为 10 cm² 的水平管 A 流入两根并联的水平支管 B 和 C，它们的截面积分别为 8 cm² 和 6 cm²。如果水在管 A 中的流速为 1.00 m·s⁻¹，在管 C 中的流速为 0.50 m·s⁻¹，问：(1)水在管 B 中的流速是多大？(2)B、C 两管中的压强差是多少？(3)哪根管中的压强最大？

4-T3　如图所示，一开口水槽中的水深为 H，在水槽侧壁水面下 h 深处开一小孔。问：(1)从小孔射出的水流在地面上的射程 s 为多大？(2)能否在水槽侧壁水面下的其他深度处再开一小孔，使其射出的水流有相同的射程？(3)分析小孔开在水面下多深处射程最远？(4)最远射程为多少？

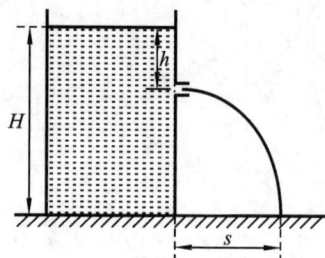

4-T4　在一个顶部开启、高度为 $0.1\ \text{m}$ 的直立圆柱形水箱内装满水，水箱底部开有一小孔，已知小孔的横截面积是水箱的横截面积的 $1/400$。问通过水箱底部的小孔将水箱内的水流尽需要多少时间？

4-T5　如图所示,两个很大的开口容器 A 和 B,盛有相同的液体。由容器 A 底部接一水平非均匀管 CD,水平管的较细部分 1 处连接一倒 U 形管 E,并使 E 管下端插入容器 B 的液体内。假设液流是定常流动的理想流体,且 1 处的横截面积是 2 处的一半,水平管 2 处比容器 A 内的液面低 h。问 E 管中液体上升的高度 H 是多少?

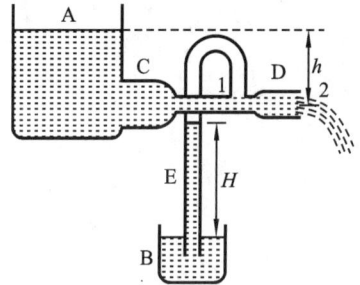

4-T6　如图所示的为一空吸装置,已知水平管道的中心线与容器 A(截面积很大)中的液面的高度差为 h,与容器 B 中的液面的高度差为 h_b,管口 d 处截面积为 S_d,收缩段 c 处截面积为 S_c,试问 S_d 与 S_c 需满足什么条件才能发生空吸作用?

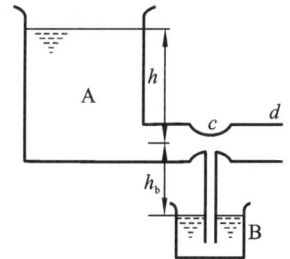

4-T7　在一开口的大容器中装有密度 $\rho = 1.9 \times 10^3$ kg · m^{-3} 的硫酸。硫酸从液面下 $H = 5$ cm 深处的水平细管中流出，已知细管半径 $R = 0.05$ cm、长 $L = 10$ cm。若测得 1 min 内由细管流出硫酸的质量 $m = 6.54 \times 10^{-4}$ kg，试求此硫酸的黏度。

4-T8　一条半径 $r_1 = 3.0 \times 10^{-3}$ m 的小动脉被一硬斑部分阻塞，此狭窄处的有效半径 $r_2 = 2.0 \times 10^{-3}$ m，血流平均速度 $v_2 = 0.50$ m · s^{-1}。已知血液黏度 $\eta = 3.00 \times 10^{-3}$ Pa · s，密度 $\rho = 1.05 \times 10^3$ kg · m^{-3}。(1)求未变狭窄处的血流平均速度；(2)判断狭窄处会不会发生湍流；(3)求狭窄处的血流动压强。

5-T1　某种介子静止时的寿命是 10^{-8}s,如它在实验室中的速度为 2×10^{8} m·s^{-1},那么在它的一生中能飞行多少米?

5-T2　在 S 系中有一个静止的正方形,其面积为 100 m^2,观察者 S' 以 $0.8c$ 的速度沿正方形的对角线运动。问 S' 测得的该正方形的面积是多少?

5-T3　S 系与 S' 系是坐标轴相互平行的两个惯性系，S' 系相对于 S 系沿 Ox 轴正方向匀速运动。一根刚性尺静止在 S' 系中，与 $O'x'$ 轴成 $30°$ 角。今在 S 系中观测得该尺与 Ox 轴成 $45°$ 角，求 S' 系相对于 S 系的速度是多少。

5-T4　两飞船，在自己的静止参照系中测得各自的长度均为 100 m，飞船甲上的仪器测得飞船甲的前端驶完飞船乙的全长需 $\frac{5}{3} \times 10^{-7}$ s。求两飞船的相对速度的大小。

5-T5 假定一个粒子在 S' 系的 $x'O'y'$ 平面内以 $c/2$ 的恒定速度运动，$t'=0$ 时，粒子通过原点 O'，其运动方向与 x' 轴成 $60°$ 角。如果 S' 系相对于 S 系沿 x 轴方向运动的速度为 $0.6c$，试求由 S 系所确定的粒子的运动方程。

5-T6 如图所示，一高速列车以 $0.6c$ 的速度沿平直轨道运动，车上 A、B 两人相距 $l=10$ m。B 在车前，A 在车后，当列车通过一站台的时候，突然发生枪战事件，站台上的人看到 A 先向 B 开枪，过了 12.5 ns，B 又向 A 开枪，因而站台上的人作证：这场枪战是由 A 挑起的。假如你是车中的乘客，你看见的情况是怎样的？

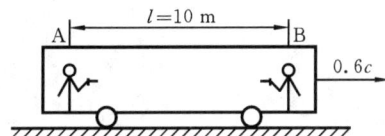

5-T7　静止长度为 l_0 的车厢，以速率 v 相对于惯性系 S 沿 x 轴正向匀速运动。设物体 A 沿 x 轴正向以相对于车厢的速率 u 从车厢的尾端匀速运动到车厢的前端。求在 S 系中测量时 A 完成上述运动所用的时间。

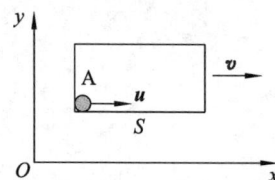

5-T8　在 $t=0$ 时，S 系观察者发射一个沿与 x 轴成 $60°$ 角的方向上飞行的光子，S' 系以 $0.6c$ 速度沿公共轴 $x\text{-}x'$ 飞行。问：S' 系的观察者测得光子与 x' 轴所成的角度是多大？速度是多大？

5-T9 某观察者测得一静止细棒的长度为 l_0，质量为 m_0，在相对论情况下求解下列问题：

(1)若此棒以速度 $\boldsymbol{v}$ 沿棒长方向运动，观察者测得此棒的质量线密度为多少？

(2)若此棒以速度 $\boldsymbol{v}$ 沿与棒长相垂直的方向运动，观察者测得此棒的质量线密度为多少？

5-T10 一个静止质量为 m_0 的粒子，(1)从静止加速到 $0.100c$ 时，(2)从 $0.900c$ 加速到 $0.980c$ 时，各需要外力对粒子做多少功？

5-T11 试计算动能为 1 MeV 的电子的动量。（1 MeV＝10^6 eV，电子的静止能量 $m_e c^2 = 0.511$ MeV。）

5-T12 一个质量数为 42 u 的静止粒子蜕变成两个碎片，其中一个碎片的静质量数为 20 u，以速率 $\frac{3}{5}c$ 运动。求另一碎片的动量 p、能量 E、静质量 m_0。（1 u＝1.66×10^{-27} kg。）

6-T1　氧气瓶的容积为 3.2×10^{-2} m³,其中氧气的压强为 1.30×10^{7} Pa,氧气厂规定压强降到 1.0×10^{6} Pa 时,就应重新充气,以免要经常洗瓶。某小型吹玻璃车间平均每天用去0.40 m³在 1.01×10^{5} Pa 压强下的氧气,问一瓶氧气能用多少天?（设使用过程中温度不变。）

6-T2　实验室中能够获得的最佳真空度约 1.01325×10^{-10} Pa。(1)求在室温(设为 25 ℃)下这样的"真空"中每立方米内有多少个分子;(2)先求出在标准状态下每立方米内气体的分子数(洛喜密脱常数),再把它和(1)中的结果进行比较。

6-T3　试说明下列各式的物理意义：

(1) $f(v) = \dfrac{\mathrm{d}N}{N\mathrm{d}v}$; 　　　　(2) $f(v)\mathrm{d}v$; 　　　　(3) $Nf(v)\mathrm{d}v$;

(4) $\displaystyle\int_{v_1}^{v_2} f(v)\mathrm{d}v$; 　　　　(5) $\displaystyle\int_{v_1}^{v_2} Nf(v)\mathrm{d}v$; 　　　　(6) $\dfrac{\displaystyle\int_{v_1}^{v_2} vf(v)\mathrm{d}v}{\displaystyle\int_{v_1}^{v_2} f(v)\mathrm{d}v}$;

(7) $N\displaystyle\int_{v_1}^{v_2} \dfrac{1}{2}m_{\mathrm{f}}v^2 f(v)\mathrm{d}v$; 　　　　(8) $\dfrac{\displaystyle\int_{v_1}^{v_2} \dfrac{1}{2}m_{\mathrm{f}}v^2 f(v)\mathrm{d}v}{\displaystyle\int_{v_1}^{v_2} f(v)\mathrm{d}v}$ 。

6-T4　图中 Ⅰ、Ⅱ 两条曲线是不同气体(氢气和氧气)在同一温度下的麦克斯韦分子速率分布曲线。试由图中数据求：(1)氢气分子和氧气分子的最概然速率；(2)两种气体所处的温度。

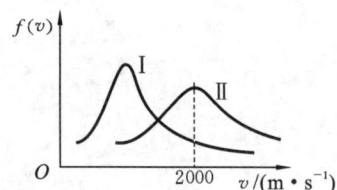

6-T5　某种气体分子的方均根速率为 $\sqrt{\overline{v^2}}=450\ \mathrm{m\cdot s^{-1}}$，压强为 $p=7\times10^4\ \mathrm{Pa}$，求气体的质量密度 ρ。

6-T6　一容器内储有氧气，其压强为 $1.01\times10^5\ \mathrm{Pa}$，温度为 $27.0\ ℃$。求：(1)气体分子的数密度；(2)氧气的质量密度；(3)分子的平均平动动能。

6-T7 体积为 1.0×10^{-3} m³ 的容器中含有 1.01×10^{23} 个氢气分子。如果其中压强为 1.01×10^5 Pa，求该氢气的温度和分子的方均根速率。

6-T8 在容积为 2.0×10^{-3} m³ 的容器中有内能为 6.75×10^2 J 的刚性双原子分子理想气体。(1)求气体的压强；(2)若容器中分子总数为 5.4×10^{22} 个，求分子的平均平动动能和气体的温度。

6-T9   1 mol 氢气，在温度为 27 ℃时，它的分子的平动动能和转动动能各为多少？（即内能中分别与分子的平动动能相关和与分子的转动动能相关的那部分能量。）

6-T10   水蒸气分解为同温度的氢气和氧气，即 $H_2O \longrightarrow H_2 + \dfrac{1}{2}O_2$，也就是 1 mol 的水蒸气可分解成同温度的 1 mol 氢气和 $\dfrac{1}{2}$ mol 氧气。当不计振动自由度时，求此过程中内能的增量。

6-T11 简要说明下列各式的物理意义（其中，i 为刚性分子的自由度，m 表示气体的质量，M 表示该气体的摩尔质量）：

(1) $\dfrac{1}{2}kT$；   (2) $\dfrac{3}{2}kT$；   (3) $\dfrac{i}{2}kT$；

(4) $\dfrac{i}{2}RT$；   (5) $\dfrac{m}{M}\dfrac{3}{2}RT$；   (6) $\dfrac{m}{M}\dfrac{i}{2}RT$。

6-T12 有 N 个质量均为 m_f 的同种气体分子，它们的速率分布如图所示。（1）说明曲线与横坐标所围面积的含义；（2）由 N 和 v_0 求 a 的值；（3）求速率在 $v_0/2$ 和 $3v_0/2$ 间隔内的分子数；（4）求分子的平均平动动能。

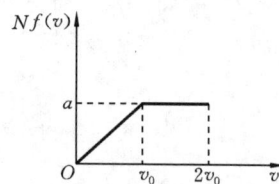

7-T1　如图所示，一系统由状态 a 经 b 到达 c，从外界吸收热量 200 J，对外做功 80 J。(1)问 a、c 两状态的内能之差是多少？哪点大？(2)若系统从外界吸收热量 144 J，从状态 a 改经 d 到达 c，问系统对外界做功多少？(3)若系统从状态 c 经曲线回到 a 的过程中，外界对系统做功 52 J，在此过程中系统是吸热还是放热？热量为多少？

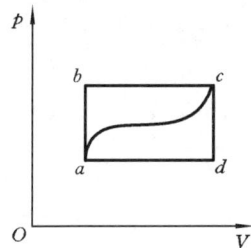

7-T2　一压强为 1.0×10^5 Pa，体积为 1.0×10^{-3} m³ 的氧气自 0 ℃加热到 100 ℃。问：(1)当压强不变时，需要多少热量？当体积不变时，需要多少热量？(2)在等压或等容过程中各做了多少功？

7-T3　如图所示，系统从状态 A 沿 ABC 变化到状态 C 的过程中，外界有 326 J 的热量传递给系统，同时系统对外做功 126 J。如果系统从状态 C 沿另一曲线 CA 回到状态 A，外界对系统做功 52 J，则此过程中系统是吸热还是放热？传递的热量是多少？

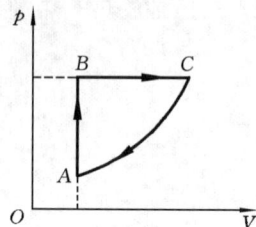

7-T4　1 mol 氢气，在压强为 1.0×10^5 Pa，温度为 20 ℃时，其体积为 V_0。今使它经以下两种过程达同一状态：

(1)先保持体积不变，加热使其温度升高到 80 ℃，然后令它做等温膨胀，体积变为原体积的 2 倍；

(2)先使它做等温膨胀至原体积的 2 倍，然后保持体积不变，加热到 80 ℃。

试分别计算以上两种过程中氢气吸收的热量，对外做的功和内能的增量，并作出 p-V 图。

7-T5 （1）如图（1）所示，bca 为理想气体绝热过程，试分别分析在任意过程 $b1a$ 和 $b2a$ 中，气体是做正功还是做负功，过程是吸热还是放热。

（2）如图（2）所示，一定量的理想气体，由平衡态 A 变到平衡态 B，且它们的压强相等，即 $p_A = p_B$，则在状态 A 和状态 B 之间，气体无论经过的是什么过程，气体必然 [　　]

（A）对外做正功　　　（B）内能增加　　　（C）从外界吸热　　　（D）向外界放热

理由是：

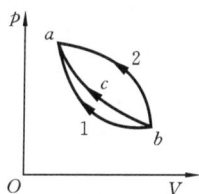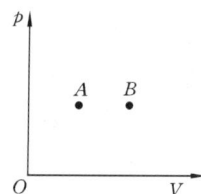

图（1）　　　　　图（2）

7-T6 如图所示，1 mol 理想气体经历循环过程，气体分子的自由度数为 i。已知 $a(p_0, V_0, T_0)$，$b(2p_0, 2V_0, 4T_0)$，ab 为直线过程，bc 为绝热过程，ca 为等温过程。求：（1）ab 过程的摩尔热容；（2）循环的效率。

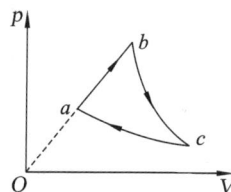

7-T7　一定量的理想气体经历如图所示循环过程，请填写表格中的空格，并给出计算过程。

过程	内能增量 ΔE/J	做功 A/J	吸热 Q/J
$a \rightarrow b$		50	
$b \rightarrow c$	-50		
$c \rightarrow d$		-50	-150
$d \rightarrow a$			
$a \rightarrow b \rightarrow c \rightarrow d \rightarrow a$	效率 $\eta =$		

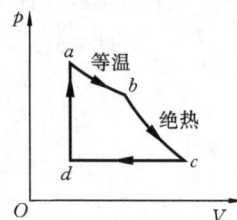

7-T8　一定量的理想气体经历如图所示的循环过程，$A \rightarrow B$ 和 $C \rightarrow D$ 是等压过程，$B \rightarrow C$ 和 $D \rightarrow A$ 是绝热过程。已知 $T_C = 300$ K，$T_B = 400$ K，求此循环的效率。

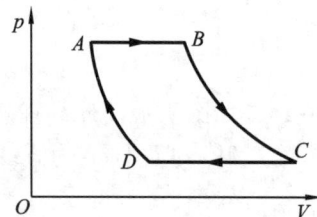

7-T9　一热机在 1000 K 和 300 K 的两热源之间工作,如果:(1)高温热源温度提高到 1100 K;(2)低温热源温度降到 200 K。求理论上的热机效率各增加多少。

7-T10　一制冷机的电动机具有 200 W 的输出功率,如果冷凝室的温度为 270.0 K,而冷凝室外的气温为 300.0 K,假设它的效率为理想效率,问在 10.0 min 内从冷凝室中取出的热量为多少?(提示:制冷系数 $w = \dfrac{T_2}{T_1 - T_2}$。)

7-T11 2 mol 的理想气体，在温度为 300 K 时经历一可逆的等温过程，其体积从 0.02 m³ 膨胀到 0.04 m³，试求气体在此过程中的熵变。

7-T12 使 4.00 mol 的理想气体由体积 V_1 膨胀到体积 $V_2(V_2=2V_1)$。(1)如果膨胀是在 400 K 的温度下等温进行的，求膨胀过程中气体所做的功；(2)求上述等温膨胀过程的熵变；(3)如果气体的膨胀不是等温膨胀而是可逆的绝热膨胀，则熵变是多少？

7-T13　一台理想卡诺热机,每一次循环工质对外做功 $7.35×10^4$ J,高温热源和低温热源的温度分别为 100 ℃、0 ℃。求:(1)热机的效率;(2)热机每一循环从热源吸收的热量;(3)每一循环向低温放出的热量;(4)工质在一个循环中的熵变;(5)整个系统在一次循环中的熵变。

7-T14　一卡诺热机做正循环,工作在温度分别为 $T_1=300$ K 和 $T_2=100$ K 的热源之间,每次循环中对外做功 6000 J。(1)在 $T\text{-}S$ 图中将此循环画出;(2)在每次循环过程中,从高温热源吸收多少热量?(3)在每次循环过程中,向低温热源放出多少热量?(4)此循环的效率为多少?

7-T15 把 0.5 kg、0 ℃的冰放在质量非常大的 20 ℃的热源中，使冰全部融化成 20 ℃的水。计算：(1)冰刚刚全部化成水时的熵变；(2)冰从融化到与热源达到热平衡时的熵变。(冰在 0 ℃时的融化热 $\lambda =335\times 10^3$ J·kg^{-1}，水的比热容 $c=4.18\times 10^3$ J·(kg·K)$^{-1}$。)

7-T16 上题中，冰与热源达到热平衡以后，计算：(1)热源的熵变；(2)系统的总熵变。

8-T1 如图所示，一个细的带电塑料圆环，半径为 R，所带电荷线密度 λ 和 θ 有 $\lambda = \lambda_0 \sin\theta$ 的关系，求圆心处的电场强度的大小和方向。

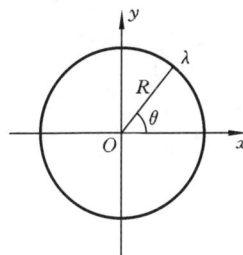

8-T2 一无限大带电平面，带有密度为 σ 的面电荷，如图所示。试证明：在离开平面为 x 的 P 点的场强有一半是由图中半径为 $\sqrt{3}x$ 的圆内电荷产生的。

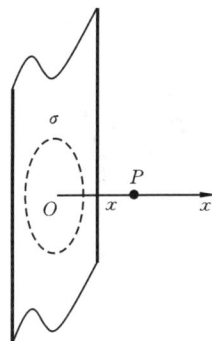

8-T3　如图所示，一半径为 R 的半球面均匀地带有电荷，电荷面密度为 σ，求球心处的电场强度。（题图有提示。）

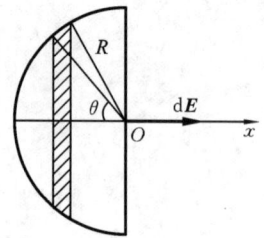

8-T4　一厚度为 d 的非导体平板，具有均匀电荷密度 ρ。求：(1)板内各处的电场强度；(2)板外各处的电场强度。

8-T5 （1）点电荷 q 位于边长为 a 的立方体中心，通过此立方体的每一面的电通量各是多少？

（2）若电荷移至立方体的一个顶点上，那么通过每个面的电通量又各是多少？

8-T6 一半径为 R 的带电球，其电荷体密度为 $\rho = \rho_0 \left(1 - \dfrac{r}{R}\right)$，$\rho_0$ 为一常量，r 为空间某点至球心的距离。

试求：（1）球内、外的场强分布；（2）r 为多大时，场强最大，等于多少。

8-T7　电荷均匀分布在半径为 R 的无限长圆柱内，求证：离柱轴 $r(r<R)$ 处的 E 值由式 $E=\dfrac{\rho r}{2\varepsilon_0}$ 给出，式中 ρ 是电荷体密度 $(\mathrm{C\cdot m^{-3}})$；当 $r>R$ 时，结果又如何？

8-T8　在两个同心球面之间 $(a<r<b)$，电荷体密度 $\rho=\dfrac{A}{r}$，式中 A 为常数。在带电区域所围空腔的中心 $(r=0)$，有一个点电荷 Q，问 A 应为何值，才能使区域中电场强度的大小为常数？

8-T9　电量 $Q(Q>0)$ 均匀分布在长为 L 的细棒上（见图），在细棒的延长线上距细棒中心 O 距离为 a 的 P 点处放一带电量为 $q(q>0)$ 的点电荷，求带电细棒对该点电荷的静电力。

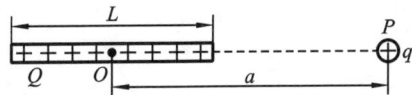

8-T10　两根无限长的均匀带电直线相互平行，相距为 $2a$，电荷线密度分别为 $+\lambda$ 和 $-\lambda$，求每单位长度的带电直线所受的作用力。

8-T11　(1)一个球形雨滴半径为 0.40 mm，带有电量 1.6 pC，它表面的电势是多大？
　　　　(2)两个这样的雨滴碰后合成一个较大的球形雨滴，这个雨滴表面的电势又是多大？

8-T12　如图所示，一个均匀分布的正电荷球层，电荷体密度为 ρ，球层内表面半径为 R_1，外表面半径为 R_2。试求：(1)A 点的电势；(2)B 点的电势。

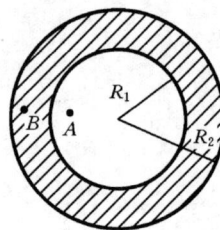

8-T13　两个同心的均匀带电球面，半径分别为 $R_1=5.0\ \mathrm{cm}$，$R_2=20.0\ \mathrm{cm}$，已知内球面的电势 $V_1=60\ \mathrm{V}$，外球面的电势 $V_2=-30\ \mathrm{V}$。(1)求内、外球面上所带电量；(2)在两个球面之间何处的电势为零？

8-T14　电量 q 均匀分布在长为 $2l$ 的细直线上,求:(1)中垂面上离带电线段中心 O 为 r 处的电势,并利用梯度关系求 E_r;(2)延长线上离中心 O 为 z 处的电势,并利用梯度关系求 E_z。

8-T15　如图所示,三块互相平行的均匀带电大平面,电荷面密度分别为 $\sigma_1 = 1.2 \times 10^{-4} \mathrm{C \cdot m^{-2}}$,$\sigma_2 = 2.0 \times 10^{-5} \mathrm{C \cdot m^{-2}}$,$\sigma_3 = 1.1 \times 10^{-4} \mathrm{C \cdot m^{-2}}$。$A$ 点与平面Ⅱ相距 5.0 cm,B 点与平面Ⅱ相距 7.0 cm。(1)计算 A、B 两点间的电势差;(2)设把电量 $q_0 = -1.0 \times 10^{-8}$C 的点电荷从 A 点移到 B 点,问外力克服电场力需做多少功?

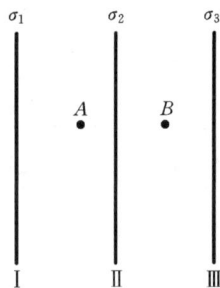

8-T16　如图所示，有三块互相平行的导体板，外面的两块用导线连接，原来不带电，中间一块所带总电荷面密度为 $1.3\times10^{-5}\text{C}\cdot\text{m}^{-2}$，求每块板的两个表面的电荷面密度各是多少。（忽略边缘效应。）

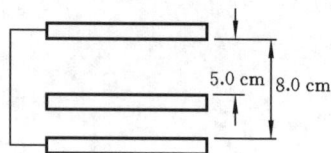

8-T17　半径为 R_1 的导体球带有电荷 q，球外有一个内、外半径分别为 R_2、R_3 的同心导体球壳，壳上带有电荷 Q，如图所示。（1）求两球的电势 V_1 及 V_2；（2）求两球的电势差 ΔV；（3）用导线把球和壳连接在一起后，V_1、V_2 及 ΔV 分别是多少？（4）在情形（1）、（2）中，若外球接地，则 V_1、V_2 及 ΔV 分别是多少？（5）设外球离地面很远，若内球接地，情况又如何？

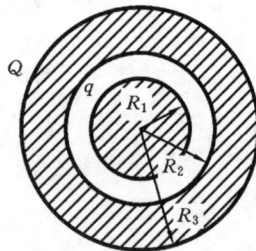

8-T18 一球形导体 A 含有两个球形空腔,该导体本身的总电荷为零,但在两空腔中心分别有点电荷 q_b 和 q_c,导体球外距导体球很远的 r 处有另一个点电荷 q_d,如图所示。试求 q_b、q_c 和 q_d 各受多大的力,并判断哪个答案是近似的。

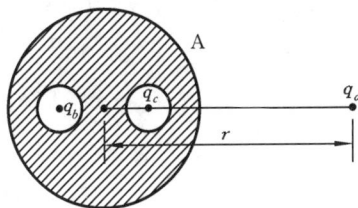

8-T19 如图所示,球形金属腔带电量 $Q(Q>0)$,内半径为 a,外半径为 b,腔内距球心 O 为 r 处有一点电荷 q,求球心 O 的电势。

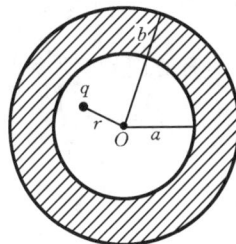

8-T20 半径为 R 的导体球带有电荷 Q，球外有一均匀电介质的同心球壳，球壳的内、外半径分别为 a 和 b，相对介电常数为 ε_r，如图所示。求：(1)各区域的电场强度 E、电位移 D 及电势 V，绘出 $E(r)$、$D(r)$、$V(r)$ 图形；(2)介质内的电极化强度 P 和介质表面的极化电荷面密度 σ'。

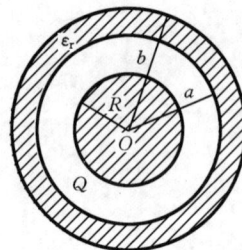

8-T21 两共轴的导体圆筒，内筒半径为 R_1，外筒半径为 R_2($R_2 < 2R_1$)，其间有两层均匀介质，分界面的半径为 r，内层的介电常数为 ε_1，外层的介电常数为 ε_2($\varepsilon_1 = 2\varepsilon_2$)，两介质的击穿强度都是 E_m。当电压升高时，哪层介质先被击穿？证明：两筒最大的电势差为 $V_m = \dfrac{1}{2}E_m r\ln\dfrac{R_2^2}{rR_1}$。

8-T22　空气的介电强度为 $3\ kV \cdot mm^{-1}$，问空气中半径分别为 $1.0\ cm$、$1.0\ mm$、$0.1\ mm$ 的长直导线上单位长度最多能带多少电荷？

8-T23　如图所示，一平行板电容器两极板的面积都是 S，相距为 d，今在其间平行地插入厚度为 t，相对介电常数为 ε_r 的均匀介质，其面积为 $S/2$，设两极板分别带有电量 Q 与 $-Q$，略去边缘效应。求：(1)两极板电势差 ΔV；(2)电容 C。

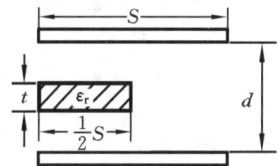

8-T24 将一个电容为 $4\ \mu F$ 的电容器和一个电容为 $6\ \mu F$ 的电容器串联起来接到 $200\ V$ 的电源上，充电后，将电源断开并将两电容器分离。在下列两种情况下，每个电容器的电压各变为多少？

(1)将每一个电容器的正极板与另一个电容器的负极板相连；

(2)将两电容器的正极板与正极板相连，负极板与负极板相连。

8-T25 两个同轴的圆柱面，长度均为 l，半径分别为 a、b，两圆柱面之间充有介电常数为 ε 的均匀电介质。当两个圆柱面带有等量异号电荷 $+Q$、$-Q$ 时，求：(1)半径为 $r(a<r<b)$ 处的电场能量密度；(2)电介质中的总能量，并由此推算出圆柱形电容器的电容。

8-T26 假设某一瞬时,氦原子的两个电子正在核的两侧,它们与核的距离都是 0.2×10^{-10} m。这种配置状态的静电势能是多少?（把电子与原子核看作点电荷。）

8-T27 如果把质子当成半径为 1.0×10^{-15} m 的均匀带电球体,它的静电势能是多大? 该势能是质子的相对论静能的百分之几?

9-T1　一长直载流导线沿 Oy 轴正方向放置,在原点 O 处有一电流元 Idl,求该电流元分别在点 $(a,0,0)$、$(0,a,0)$、$(0,0,a)$、$(a,a,0)$、$(0,-a,a)$、(a,a,a) 处的磁感应强度。

9-T2　如图所示的回路,曲线部分是半径为 a 和 b 的圆周的一部分,而直线部分分别沿着半径方向,假设回路载有电流 I,求点 P 处的磁感应强度。

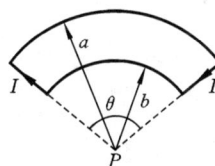

9-T3 如图所示，一根无限长的直导线，通有电流 I，中部一段弯成半径为 a 的圆弧形，求图中点 P 处的磁感应强度。

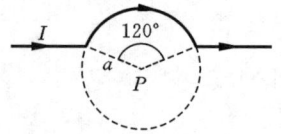

9-T4 如图所示，一个塑料圆盘半径为 R，圆盘的表面均匀分布有电荷 q。如果使该圆盘以角频率 ω 绕其过圆心且垂直于盘面的轴线旋转，试证明：(1) 在圆盘中心处的磁感应强度的大小为 $B = \dfrac{\mu_0 \omega q}{2\pi R}$；(2) 圆盘的磁偶极矩大小为 $p_{\mathrm{m}} = \dfrac{\omega q R^2}{4}$。

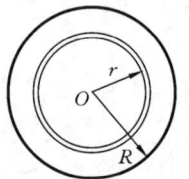

9-T5 如图所示,两个半径均为 R 的线圈平行共轴放置,其圆心 O_1、O_2 相距 a,在两线圈中通以电流强度均为 I 的同方向电流。(1)以 O_1O_2 连线的中点 O 为原点,求轴线上坐标为 x 的任意点的磁感应强度大小;(2)试证明:当 $a=R$ 时,O 点处的磁场最为均匀。(此两线圈为亥姆霍兹线圈。)

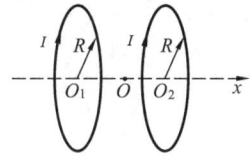

9-T6 已知磁感应强度 $B=2.0\,\mathrm{Wb \cdot m^{-2}}$ 的均匀磁场,方向沿 x 轴正向,如图所示。试求:

(1)通过图中 $abcd$ 面的磁通量;

(2)通过图中 $befc$ 面的磁通量;

(3)通过图中 $aefd$ 面的磁通量。

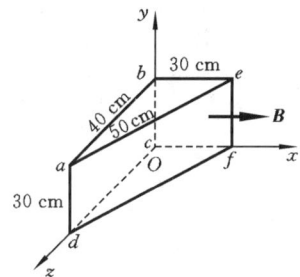

9-T7　一根很长的铜导线载有电流 10 A，在导线内部作一平面 S，如图所示。试计算通过平面 S 的磁通量。（沿导线长度方向取长为 1 m 的一段计算；铜的磁导率取 μ_0。）

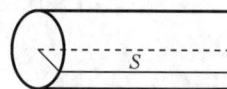

9-T8　如图所示，一根很长的同轴电缆，由一导体圆柱（半径为 a）和一同轴的导体圆管（内外半径分别为 b 和 c）构成，使用时，电流 I 从一导体流出，从另一导体流回。设电流都是均匀地分布在导体的横截面上，求 $r<a$、$a<r<b$、$b<r<c$ 及 $r>c$ 各区间的磁感应强度大小（r 为场点到轴线的垂直距离）。

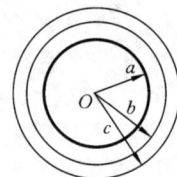

9-T9　图中所示的是一个外半径为 R_1 的无限长的圆柱形导体管,管内空心部分的半径为 R_2,空心部分的轴与圆柱的轴相平行但不重合,两轴间距离为 a,且 $a > R_2$,现有电流 I 沿导体管流动,电流均匀分布在管的横截面上,而电流方向与管的轴线平行。求:(1)圆柱轴线上的磁感应强度的大小;(2)空心部分轴线上的磁感应强度的大小。

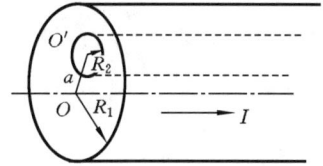

9-T10　两个无穷大的平行平面上,有均匀分布的面电流,面电流密度大小分别为 i_1 及 i_2。试求下列情况下两面之间的磁感应强度与两面之外空间的磁感应强度:(1)两电流平行;(2)两电流反平行;(3)两电流相互垂直。

9-T11　已知磁场 **B** 的大小为 0.4 T，方向在 xOy 平面内，且与 y 轴逆时针方向成 $\pi/3$ 角。试求以速度 $\boldsymbol{v}=(10^7\,\text{m}\cdot\text{s}^{-1})\boldsymbol{e}_z$ 运动、电量为 $q=10$ pC 的电荷所受到的磁场力。

9-T12　一半径为 4.0 cm 的圆环，放在磁场内，各处磁场的方向对圆环而言是对称发散的，如图所示。圆环所在处的磁感应强度的量值为 0.10 T，磁场的方向与环面法向成 60°角。当环中通有电流 $I=15.8$ A 时，求圆环所受合力的大小和方向。

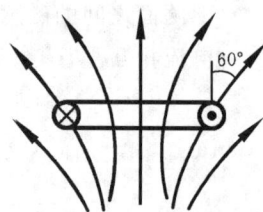

9-T13 如图所示，一塑料圆盘，半径为 R，表面带有面密度为 σ 的剩余电荷。假定圆盘绕其轴 AA' 以角速度 $\omega(\text{rad/s})$ 转动，磁场 $\boldsymbol{B}$ 的方向垂直于转轴 AA'。试证：磁场作用于圆盘的力矩大小为 $M=\dfrac{\pi\sigma\omega R^4 B}{4}$。（提示：将圆盘分成许多同心圆环来考虑。）

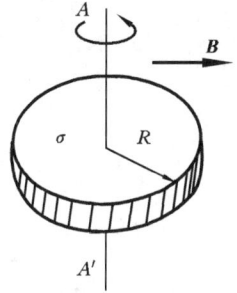

9-T14 如图所示，一长直导线和一宽为 b 的无限长导体片共面，它们分别载有电流 I_2 和 I_1，相距为 a。求导线单位长度上所受的磁场力。

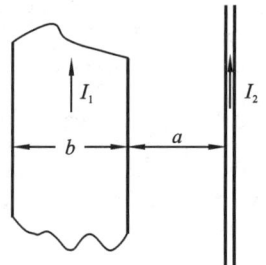

9-T15　螺绕环中心周长 $l=10$ cm，环上线圈匝数 $N=200$，线圈中通有电流 $I=100$ mA。

(1)求管内的磁感应强度 B_0 和磁场强度 H_0；

(2)若管内充满相对磁导率 $\mu_r=4200$ 的磁介质，则管内的 B 和 H 是多少？

(3)磁介质内由导线中电流产生的 B_0 和由磁化电流产生的 B' 各是多少？

9-T16　一无限长直圆柱形导线外包一层相对磁导率为 μ_r 的圆筒形磁介质。该导线半径为 R_1，磁介质外半径为 R_2，导线内有电流 I 通过。求介质内、外的磁场强度和磁感应强度的分布，并画出 $H\text{-}r$ 曲线和 $B\text{-}r$ 曲线。

10-T1　如图所示，载流长直导线与矩形回路 $ABCD$ 共面，且导线平行于 AB。求下列情况下 $ABCD$ 中的感应电动势。

(1)长直导线中电流恒定，$ABCD$ 以垂直于导线的速度 $\boldsymbol{v}$ 从图示初始位置远离导线平移到任意位置时。

(2)长直导线中电流为 $I = I_0\sin(\omega t)$，$ABCD$ 不动。

(3)长直导线中电流为 $I = I_0\sin(\omega t)$，$ABCD$ 以垂直于导线的速度 $\boldsymbol{v}$ 从图示初始位置远离导线平移到任意位置时。

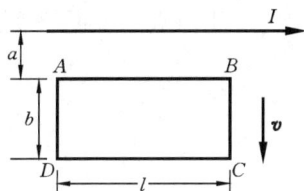

10-T2　真空中有一磁场，磁感应强度 $\boldsymbol{B}$ 沿 y 轴方向，大小为 $B = B_0\cos\left[\omega\left(t - \dfrac{x}{c}\right)\right]$，如图所示，在 xOz 平面上有一矩形导体框 $abcd$ 正以匀速率 v 沿 x 轴正向运动，ab 边长为 l_1，ad 边长为 l_2，且 $t = 0$ 时，ab 边与 z 轴重合。求导体框中感应电动势与时间 t 的函数关系。

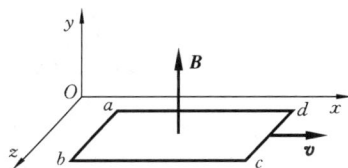

10-T3　如图所示的是一面积为 5 cm×10 cm 的线框，在与一均匀磁场 $B=0.1$ T 相垂直的平面中匀速运动，速度 $v=2$ cm·s^{-1}。若取线框前沿与磁场接触时刻为 $t=0$。作图时视顺时针的感应电动势为正值。试求：(1)通过线框的磁感通量 $\Phi(t)$ 的函数；(2)线框中的感应电动势 $\mathscr{E}(t)$ 的函数及曲线。

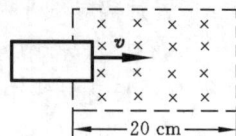

10-T4　如图所示，有一弯成 θ 角的金属架 COD，一导体 $MN(MN\perp OD)$ 以恒定速度$\boldsymbol{v}$在金属架上滑动，设 $\boldsymbol{v}\perp MN$ 向右，且 $t=0$，$x=0$。已知磁场的方向垂直图面向外，分别求下列情况下框内的感应电动势 $\mathscr{E}_i$ 的变化规律（大小、方向）：(1)磁场分布均匀，$\boldsymbol{B}$ 不随时间变化；(2)非均匀的时变磁场 $B=Kx\cos(\omega t)$。

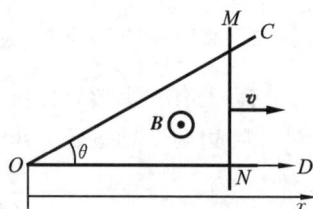

10-T5　桌子上水平放置一个半径 $r=10$ cm 的金属圆环，其电阻 $R=1\ \Omega$，若地球磁场的磁感应强度的竖直分量为 5×10^{-5} T，求将环面翻转一次，沿环流过任一横截面的电量 q。

10-T6　平均半径为 12 cm 的 4×10^3 匝的线圈，在磁场为 0.5×10^{-4} T 的地磁场中每秒钟旋转 30 周，线圈中可产生最大感应电动势为多大？ 如何旋转和旋转到何时，才有这样大的电动势？

10-T7　如图所示，有两根相距为 L 的平行导线，其一端用电阻 R 连接，导线上有一质量为 m 的金属棒无摩擦地滑过，有一均匀磁场 **B** 与图面垂直。假设在 $t=0$ 瞬时金属棒以 v_0 的速度向左方滑动。求：(1)金属棒的运动速度与时间的函数关系；(2)金属棒的运动距离与时间的函数关系；(3)能量守恒定律是否成立？ 试证之。

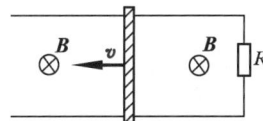

10-T8 长为 L 的导线以角速度 ω 绕固定端 O，在竖直长直电流 I 所在的平面内旋转，O 到长直电流 I 的距离为 a，$a>L$，如图所示。求导线 L 在与水平方向成 θ 角时的动生电动势。

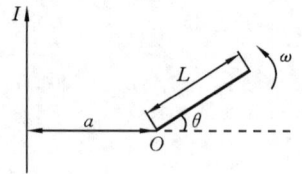

10-T9 两个均匀磁场区域的半径分别为 $R_1=21.2$ cm 和 $R_2=32.3$ cm，磁感应强度分别为 $B_1=48.6$ mT 和 $B_2=77.2$ mT，方向如图所示。两个磁场正以 8.5 mT·s^{-1} 的变化率减小，试分别计算感应电场对三个回路的环流 $\oint \boldsymbol{E}_i \cdot \mathrm{d}\boldsymbol{l}=$？

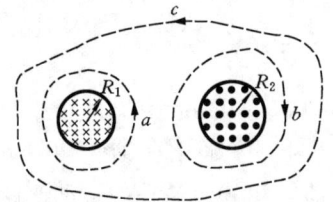

10-T10 在半径为 R 的圆形区域内,有垂直向里的均匀磁场正以速率 $\dfrac{\mathrm{d}B}{\mathrm{d}t}$ 增大。有一金属棒 abc 放在图示位置,已知 $ab=bc=R$。求:(1)a、b、c 三点感应电场的大小和方向(在图上标出);(2)棒上感应电动势 $\mathscr{E}_{abc}$ 为多大;(3)a、c 哪点电势高。

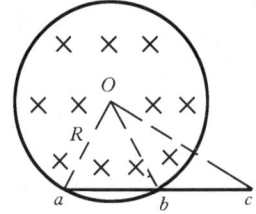

10-T11 边长为 20 cm 的正方形导体回路,置于虚线圆内的均匀磁场中,B 为 0.5 T,方向垂直于导体回路,且以 $0.1\ \mathrm{T\cdot s^{-1}}$ 的变化率减小,图中 ac 的中点 b 为圆心,ac 沿直径。求:(1)c、d、e、f 各点感应电场的方向和大小(用矢量在图上标明);(2)ac、ce 和 eg 段的电动势;(3)回路内的感应电动势;(4)如果回路的电阻为 2 Ω,a 和 c 两点间的电势差为多少? 哪一点的电势高?(5)c、e 两点间的电势差是多少?

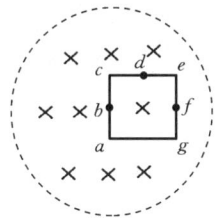

10-T12　圆柱形匀强磁场中同轴放置一金属圆柱体，半径为 R，高为 h，电阻率为 ρ，如图所示。若匀强磁场以 $\dfrac{\mathrm{d}B}{\mathrm{d}t}=k(k>0,k$ 为恒量$)$的规律变化，求圆柱体内涡电流的热功率。

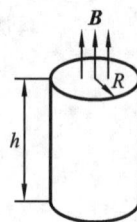

10-T13　如图所示，螺线管的管心是两个套在一起的同轴圆柱体，其截面积分别为 S_1 和 S_2，磁导率分别为 μ_1 和 μ_2，管长为 l，匝数为 N。求螺线管的自感。（设管的截面很小。）

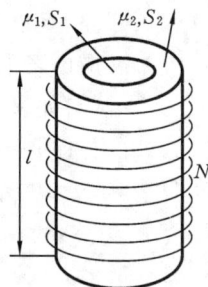

10-T14 填空

(1)真空中有一给定的回路,若回路中的电流 I 变小,由自感系数的定义 $L=\dfrac{\Psi}{I}$ 知,回路中的 L 将_____。(选填变小或不变。)

(2)有两个长直密绕螺线管,长度及线圈匝数均相同,半径分别为 r_1 和 r_2。管内充满均匀介质,其磁导率分别为 μ_1 和 μ_2。设 $r_1:r_2=1:2$,$\mu_1:\mu_2=2:1$,当将两只螺线管串联在电路中通电稳定后,可知螺线管自感系数之比 $L_1:L_2=$_____,磁场能量之比 $W_{m1}:W_{m2}$_____。(请写出计算过程。)

10-T15 如图所示,截面为矩形的螺绕环总匝数为 N。(1)求此螺绕环的自感系数;(2)沿环的轴线 OO' 放一根直导线,求直导线与螺绕环的互感系数 M_{12} 和 M_{21}。二者是否相等?

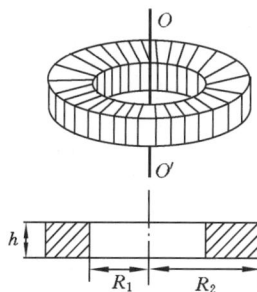

10-T16 如图所示，一半径为 r 的非常小的圆环，在初始时刻与一半径为 $r'(r' \gg r)$ 的很大的圆环共面而且同心，今在大环中通以恒定电流 I'，而小环则以匀角速度 ω 绕着一条直径转动。设小环的电阻为 R。试求：(1)小环中产生的感生电流；(2)使小环作匀角速度转动时，需作用在其上的力矩；(3)大环中的感生电动势。

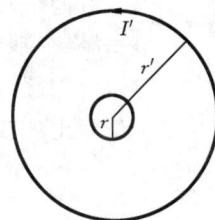

10-T17 一螺绕环，每厘米绕 40 匝，铁芯截面积为 $3.0\ \text{cm}^2$，磁导率 $\mu = 200\mu_0$，绕组中通有电流 $5.0\ \text{mA}$，环上绕有二匝次级线圈。求：(1)两绕组间的互感系数；(2)若初级绕组中的电流在 $0.10\ \text{s}$ 内由 5.0 A 降低到 0，次级绕组中的互感电动势为多少。

10-T18　两根足够长的平行导线的中心距离 d 为 20 cm，在导线中维持一强度为 20 A 而方向相反的恒定电流。(1)若导线半径为 10 mm，求两导线间每单位长度的自感系数；(2)若将导线分开到距离 d' ＝40 cm，求磁场对导线单位长度所做的功；(3)位移时，单位长度的磁能改变了多少？是增加还是减少？说明能量的来源。(忽略导线内部磁通量。)

10-T19　一根同轴线由很长的两个同轴电缆的圆筒构成，内筒半径为 1.0 mm，外筒半径为 7.0 mm，有 100 A 的电流由外筒流出，由内筒流回，两筒的厚度可忽略；两筒之间的介质无磁性(μ_r＝1)。求：(1)介质中磁能密度 w_m 的分布；(2)单位长度(1 m)同轴线所储的磁能 W_m。

10-T20　如图所示,一边长为 1.22 m 的方形平行板电容器,充电瞬间电流为 $I=1.84$ A,求此时:(1)通过板间的位移电流;(2)沿虚线回路的 $\oint \boldsymbol{H} \cdot d\boldsymbol{l}$。

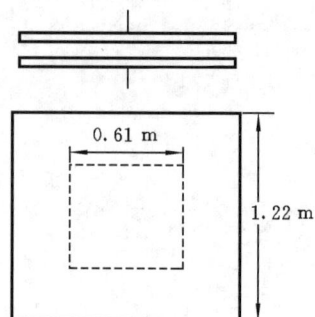

10-T21　一平行板电容器,略去边缘效应,(1)充电完毕后与电源断开,然后拉开两极板,问此过程中两极板间有无位移电流?(2)充电完毕后仍然与电源连接,然后拉开两极板,问此过程中两极板间有无位移电流? 简述理由。

10-T22 有一平行板电容器,电容为 C,两极板都是半径为 R 的圆板,将它连接到一个交流电源上,使两极板电压为 $V = V_0 \sin(\omega t)$。在略去边缘效应的条件下,求:(1)两板间位移电流强度与位移电流密度;(2)两板间任意一点的磁场强度。

10-T23　对于位移电流,有下述四种说法,请指出哪一种说法正确。

(A) 位移电流是由变化电场产生的

(B) 位移电流是由线性变化的磁场产生的

(C) 位移电流的热效应服从焦耳-楞次定律

(D) 位移电流的磁效应不服从安培环路定理

答案[　　]

10-T24　在感应电场中电磁感应定律可以写成 $\oint_L \boldsymbol{E}_k \cdot \mathrm{d}\boldsymbol{l} = -\dfrac{\mathrm{d}\Phi_m}{\mathrm{d}t}$,式中,$\boldsymbol{E}_k$ 为感应电场的电场强度。此式表明:

(A) 闭合曲线 L 上 $\boldsymbol{E}_k$ 处处相等

(B) 感应电场是保守力场

(C) 感应电场的电力线不是闭合曲线

(D) 在感应电场中不能像对静电场那样引入电势的概念

答案[　　]

11-T1 在一个电量为 Q，半径为 R 的均匀带电球中，沿某一直径挖一条隧道，另有一质量为 m，电量为 $-q$ 的微粒在这个隧道中运动。试证明该微粒的运动是简谐振动，并求出振动周期。（假设均匀带电球体的介电常数为 ε_0。）

11-T2 如图所示，有一劲度系数为 k 的轻质弹簧竖直放置，一端固定在水平面上，另一端连接一质量为 M 的光滑平板，平板上又放置一质量为 m 的光滑小物块。今有一质量为 m_0 的子弹以速度 v_0 水平射入物块，并与物块一起脱离平板。（1）证明物块脱离平板后，平板将作简谐振动；（2）根据平板所处的初始条件，写出平板的谐振位移表达式。（取坐标轴向上为正。）

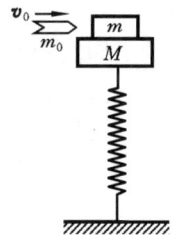

11-T3　如图所示,有一轻质弹簧,其劲度系数 $k=500$ N·m^{-1},上端固定,下端悬挂一质量 $M=4.0$ kg 的物体 A。在物体 A 的正下方 $h=0.6$ m 处,以初速度 $v_{01}=4.0$ m·s^{-1} 向上抛出一质量 $m=1.0$ kg 的油灰团 B,击中 A 并附着于 A 上。(1)证明 A 与 B 作简谐振动;(2)写出它们共同作简谐振动的位移表达式;(3)求弹簧所受的最大拉力。(假定 $g=10$ m·s^{-2},弹簧未挂重物时,其下端端点位于 O' 点。取坐标轴向上为正。)

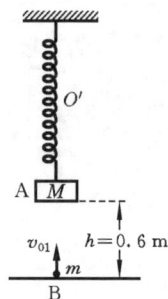

11-T4　一定滑轮的半径为 R,转动惯量为 J,其上挂一轻绳,绳的一端系一质量为 m 的物体,另一端与一固定的轻弹簧相连,如图所示。设弹簧的劲度系数为 k,绳与滑轮间无滑动,且忽略定滑轮转轴上的阻力矩及空气的阻力。现将物体 m 从平衡位置拉下一微小距离后放手,证明物体作简谐振动,并求出其角频率。

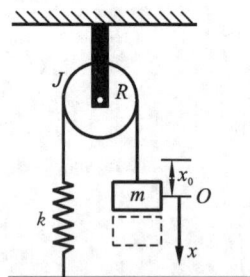

11-T5 一物体竖直悬挂在劲度系数为 k 的弹簧上作简谐振动，设振幅 $A=0.24$ m，周期 $T=4.0$ s，开始时在平衡位置下方 0.12 m 处向上运动。求：(1)物体振动的位移表达式；(2)物体由初始位置运动到平衡位置上方 0.12 m 处所需的最短时间；(3)物体在平衡位置上方 0.12 m 处所受到的合外力的大小及方向。（设物体的质量为 1.0 kg，取坐标轴向上为正。）

11-T6 一个简谐振动的 $x\text{-}t$ 曲线如图所示。(1)写出此振动的位移表达式；(2)求出 $t=10.0$ s 时的 x、v、a 的值，并说明此刻它们各自的方向。

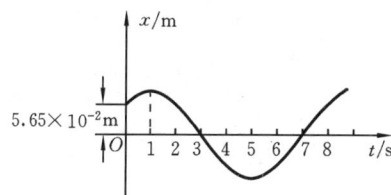

11-T7　在开始观察弹簧振子时,它正振动到负位移一边的 1/2 振幅处,此时它的速度为 $2\sqrt{3}$ m·s^{-1},并指向平衡位置,加速度的大小为 2.00×10 m·s^{-2}。(1)写出这个弹簧振子的振动位移表达式;(2)求出它每振过 5 s,首尾两时刻的相位差。

11-T8　质量为 10 g 的小球作简谐振动,其振幅 $A=0.24$ m,频率 $\nu=0.25$ Hz。当 $t=0$ 时,初位移为 1.2×10^{-1}m,并向着平衡位置运动。求:(1)$t=0.5$ s 时,小球的位置;(2)$t=0.5$ s时,小球所受的力的大小和方向;(3)从起始位置到 $x=-12$ cm 处所需的最短时间;(4)在 $x=-12$ cm 处小球的速度与加速度;(5)$t=4$ s 时的动能、势能以及系统的总能量。

11-T9 同方向振动的两个简谐振动,它们的运动规律为

$$x_1 = 5.00 \times 10^{-2} \cos\left(10t + \frac{3}{4}\pi\right) \text{ (m)}, \quad x_2 = 6.00 \times 10^{-2} \sin(10t + \varphi) \text{ (m)}$$

试问 φ 分别为何值时,合振幅 A 为极大、极小?

11-T10 一质点同时参与两个在同一直线上的简谐振动,其表达式各为

$$x_1 = 4 \times 10^{-2} \cos\left(2t + \frac{\pi}{6}\right) \text{ (m)}, \quad x_2 = 3 \times 10^{-2} \cos\left(2t - \frac{5}{6}\pi\right) \text{ (m)}$$

求其合振动的振幅和初相位,并写出合振动的位移方程。

11-T11　两个同方向、同频率的简谐振动，其合振动的振幅为 20 cm，合振动的相位与第一个振动的相位之差为 30°，若第一个振动的振幅为 17.3 cm，求第二个振动的振幅及第一、第二两个振动的相位差各是多少。

11-T12　一质点质量为 0.1 kg，它同时参与互相垂直的两个振动，其振动表达式分别为

$$x = 0.06\cos\left(\frac{\pi}{3}t + \frac{\pi}{3}\right) \text{ (m)}, \quad y = 0.03\cos\left(\frac{\pi}{3}t - \frac{\pi}{3}\right) \text{ (m)}$$

试写出质点运动的轨迹方程，画出图形，并指明是左旋还是右旋。

11-T13 一沿 x 轴正向传播的波，波速为 $2\ \mathrm{m\cdot s^{-1}}$，原点的振动方程为 $y=0.6\cos(\pi t)$。求：(1)该波的波长；(2)该波的表达式；(3)同一质点在 $1\ \mathrm{s}$ 末与 $2\ \mathrm{s}$ 末的相位差；(4)如有 A、B 两点，其坐标分别为 $1\ \mathrm{m}$ 和 $1.5\ \mathrm{m}$，在同一时刻，A、B 两点的相位差是多少？

11-T14 一波源位于 $x=-1\ \mathrm{m}$ 处，它的振动方程为 $y=5\times10^{-4}\cos(6000t-1.2)$ （m），设该波源产生的波无吸收地分别向 x 轴正向和负向传播，波速为 $300\ \mathrm{m\cdot s^{-1}}$。试分别写出上述正向波和负向波的表达式。

11-T15　如图所示的为 $t=0$ 时刻的波形,求:(1)O 点振动的位移表达式;(2)此波在任一时刻的波动表达式;(3)P 点的振动方程;(4)$t=0$ 时刻,a、b 处两质点的振动方向(要在图上标出来)。

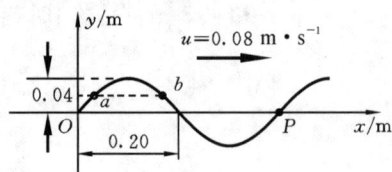

11-T16　一平面余弦波在 $t=\dfrac{3}{4}T$ 时刻的波形曲线如图所示,该波以 $u=36\ \mathrm{m\cdot s^{-1}}$ 的速度沿 x 轴正方向传播。(1)求出 $t=0$ 时刻 O 点与 P 点的初相位;(2)写出 $t=0$ 时刻,以 O 点为坐标原点的波动表达式。

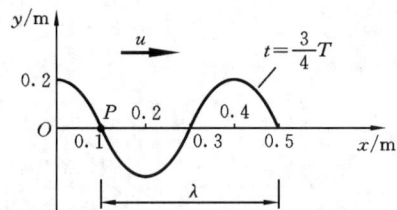

11-T17 假设在一根弦线上传播的简谐波为 $y = A\cos(kx - \omega t)$，式中，$k = \dfrac{\omega}{u}$ 称为波数。(1)写出弦线中能量密度与能流密度的表达式；(2)写出平均能量密度与平均能流密度(波强)的表达式。

11-T18 在直径为 0.14 m 的圆柱形管内，有一波强为 9.00×10^{-3} J·s⁻¹·m⁻² 的空气余弦式平面波以波速 $u = 300$ m·s⁻¹ 沿柱轴方向传播，其频率为 300 Hz。问：(1)平均能量密度及能量密度的最大值各是多少？(2)相邻的两个波阵面内的体积中有多少能量？

11-T19　一波源的辐射功率为 1.00×10^4 W，它向无吸收、均匀、各向同性介质中发射球面波。若波速 $u = 3.00 \times 10^8$ m·s^{-1}，试求离波源 400 km 处(1)波的强度；(2)平均能量密度。

11-T20　两相干波源的振动方程分别为 $y_1 = 10^{-4} \cos(10\pi t)$ (m)和 $y_2 = 10^{-4} \cos(10\pi t)$ (m)，P 点到两波源的距离分别为 4 cm 和 10 cm。(1)在下列条件下求 P 点的合振幅：波长为 4 cm 和波长为 0.6 cm；(2)求 P 点合成振动的初相位。

11-T21　如图所示,在同一媒质中有两列振幅均为 A 的相干平面余弦波,沿同一直线相向传播,第一列波由右向左传播,它在 Q 点引起的振动为 $y_Q = A\cos(\omega t)$;第二列波由左向右传播,它在 x 轴坐标原点 O 处引起振动的相位比同一时刻第一列波在 Q 点引起的振动的相位超前 π。已知波的频率 $\nu = 400$ Hz,波速 $u = 400$ m·s^{-1},O 与 Q 之间的距离为 $l = 1$ m。求:(1)O 与 Q 之间任一点 P 的合振动表示式。(2)O 与 Q 之间(包括 O、Q 在内)因干涉而静止的点的位置。

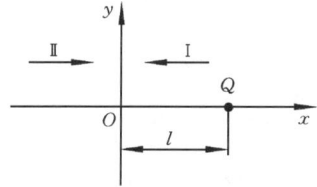

11-T22　在 x 轴的原点 O 有一波源,其振动方程为 $y = A\cos(\omega t)$,波源发出的简谐波沿 x 轴的正、负两个方向传播,如图所示。在 x 轴负方向距离原点 O 为 $\dfrac{3}{4}\lambda$ 的位置有一块由波密媒质做成的反射面 MN。试求:(1)由波源向反射面发出的行波波动表达式和沿 x 轴正方向传播的行波表达式;(2)反射波的行波波动表达式;(3)在 MN-yO 区域内,入射行波与反射行波叠加后的波动表达式,并讨论它们干涉的情况;(4)在 $x>0$ 的区域内,波源发出的行波与反射行波叠加后的波动表达式,并讨论它们干涉的情况。

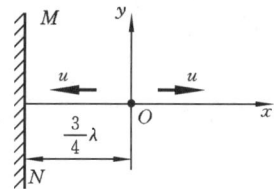

11-T23　如图所示，一平面简谐波沿 x 轴正方向传播，BC 为波密媒质的反射面，波由 P 点反射，$OP=\dfrac{3}{4}\lambda$，$DP=\dfrac{1}{6}\lambda$，在 $t=0$ 时，O 处质点的合振动经过平衡位置向其位移负方向运动。设入射波和反射波的振幅均为 A，频率均为 ν。求：(1)波源 O 处的初相位；(2)入射波与反射波在 D 点因干涉而产生的合振动的表达式。

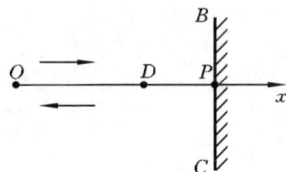

11-T24　沿河航行的汽轮鸣笛，其频率 $\nu=400$ Hz，站在岸边的人测得汽笛声频率 $\nu'=395$ Hz。已知声速为 340 m·s^{-1}，试求汽轮的速度；汽轮是趋近观测者，还是远离观测者？

11-T25 电磁波的电场强度 E、磁场强度 H 和传播速度 u 的关系是：

（A）三者互相垂直，而且 E 和 H 相位相差 $\dfrac{\pi}{2}$

（B）三者互相垂直，而且 E、H、u 构成右手螺旋直角坐标系

（C）三者中 E 和 H 是同方向的，但都与 u 垂直

（D）三者中 E 和 H 可以是任意方向的，但都必须与 u 垂直

答案[　　]

11-T26 设在真空中沿着 x 轴正方向传播的平面电磁波，其电场强度的波的表达式是

$$E_z = E_0 \cos[2\pi(\nu t - x/\lambda)],$$

试写出磁场强度的波的表达式。

11-T27　一平面电磁波的波长为 3 m，在自由空间沿 x 轴方向传播，电场 E 沿 y 方向，振幅为 300 V·m^{-1}。试求：(1)电磁波的频率 ν、圆频率 ω 以及波数 k；(2)磁场 B 的振动方向和振幅 B_m；(3)电磁波的能流密度及其对时间周期 T 的平均值。

13-T1　现有频率为 ν，初相位相同的两相干光，在折射率为 n 的均匀介质中传播，若在相遇时它们的几何路程差为 r_2-r_1，则它们的光程差为 _____，相位差为 _____。

13-T2　光源 S 发出的 $\lambda=600$ nm 的单色光，自空气射入折射率 $n=1.23$ 的透明介质，再射入空气到 C 点，如图所示。设介质层厚度为 1 cm，入射角为 $30°$，$SA=BC=5$ cm，试求：(1)此光在介质中的频率、速度和波长；(2)S 到 C 的几何路程和光程。

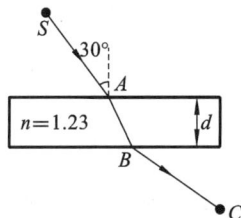

13-T3　若双狭缝的距离为 0.30 mm，以单色平行光垂直照射双缝时，在离双缝 1.20 m 远的屏幕上，从中心算起，第 5 级暗纹离中心极大的间隔为 11.39 mm，求入射光波的波长。

13-T4　缝间距 $d=1.00$ mm 的杨氏实验装置中双缝到屏幕间的距离 $D=10.00$ m。测得屏幕上条纹间隔为 4.73×10^{-3} m，求入射光的频率。（实验是在水中进行的，$n_{水}=1.333$。）

13-T5　在杨氏实验装置中，S_1、S_2 两光源之一的紧邻后面放一长为 2.50 cm 的玻璃容器，先是充满空气，后是排出空气，再充满实验气体，实验发现屏幕上有 21 条亮纹移过了屏上某点。已知入射光的波长 $\lambda=656.2816$ nm，空气的折射率 $n_a=1.000276$，求实验气体的折射率 n_g。

13-T6 洛埃镜装置中的等效缝间距离 $d=2.00$ mm,缝层与屏幕间的距离 $D=5.00$ m,入射光的频率为 6.522×10^{14} Hz,装置放在空气中进行实验,求第一级极大的位置。

13-T7 波长为 $\lambda=500.0$ nm 的光垂直地照射在厚为 1.608×10^{-6} m 的薄膜上,薄膜的折射率为1.555,置于空气中。求:(1)经薄膜反射后两相干光的相位差;(2)若薄膜的折射率为1.455,要不产生反射光而全部透射,薄膜的最小厚度。

13-T8 折射率为 1.25 的油滴落在折射率为 1.57 的玻璃板上化开成很薄的油膜，一个连续可调波长大小的单色光源垂直照射在油膜上，观察发现 500 nm 与 700 nm 的单色光在反射中消失。求油膜的厚度。

13-T9 试设计双层增透膜。如图所示的为玻璃上镀两层光学薄膜，第一层膜、第二层膜及玻璃的折射率分别为 n_1、n_2、n_3，且 $n_2 > n_1$，$n_2 > n_3$，今以真空中波长为 λ 的单色平行光垂直入射到增透膜上，设三束反射光（仅考虑第一次反射）a、b、c 在空气中的振幅近似相等，欲使这三束反射光相干叠加后的总光强为零，求第一层膜和第二层膜的最小厚度 t_1 和 t_2。（为区别 a、b、c 三束反射光，图中没有将它们画成重合。）

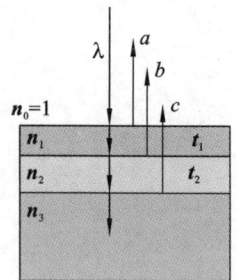

13-T10 如图所示,波长为 680 nm 的平行光垂直照射到 $L=0.12$ m 长的两块玻璃片上,两玻璃片一边相互接触,另一边被细钢丝隔开,测得 40 个干涉条纹的宽度为 34 mm。求细钢丝的直径 d。

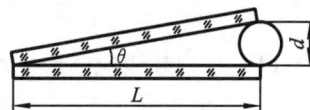

13-T11 牛顿环装置中平凸透镜的曲率半径 $R=2.00$ m,垂直入射的光波长 $\lambda=589.29$ nm,让折射率为 $n=1.461$ 的液体充满环形薄膜中。求:(1)充以液体前后第 10 暗环条纹半径之比;(2)充液之后此暗环的半径值(即第 10 暗环的 r_{10})。

13-T12 如果迈克尔逊干涉仪中可移动反射镜移动了距离 0.233 mm，数得条纹移动了 792 条，则所用光波的波长为_____。

13-T13 (1)在迈克尔逊干涉仪的一臂中，垂直于光束线插入一块厚度为 L，折射率为 n 的透明薄片。如果取走薄片，为了能观察到与取走薄片前完全相同的条纹，试确定平面镜需要移动多少距离；(2)设薄片的折射率 $n=1.434$，入射光波长 $\lambda=589.1$ nm，观察到 35 条条纹移动，求透明薄片的厚度。

13-T14 (1)在迈克尔逊干涉仪上可以看见 3 cm×3 cm 的亮区，它与 M_1、M_2 两平面镜的面积相对应，用波长为 600 nm 的光做光源时，此亮区出现 24 条平行条纹，求两镜面偏离垂直方向的角度；(2)调节装置使偏离角消失，此时将显示出圆环状条纹，缓慢移动 M_1 镜或 M_2 镜，使等效膜厚 d 减少，观察到条纹向视场中心收缩，当 $\Delta d=3.142\times10^{-4}$ m 时，$\Delta N=850$，求此单色光的波长（这个单色光是另外的一个光源发出的）。

13-T15　波长分别为 λ_1 与 λ_2 的两束平面光波，通过单缝后形成衍射。λ_1 的第一级极小与 λ_2 的第二级极小重合。问：(1)λ_1 与 λ_2 之间关系如何？(2)图样中还有其他极小也重合吗？

13-T16　单缝缝宽 $a=0.10$ mm，聚焦透镜的焦距 $f=50.0$ cm，入射光波长 $\lambda=546.0$ nm，试问在下列情况下(各对应的其他条件不变)，中央明纹的宽度和其中心的位置将发生怎样的变化？(1)将 $\lambda=546.0$ nm 的绿光换成 $\lambda'=700$ nm 的红光；(2)把缝宽缩小为 $a=0.05$ mm；(3)把单缝平行上移 2 cm；(4)单缝沿透镜光轴方向平移 2 cm。

13-T17 如图所示,一束波长为 λ 的平行单色光垂直入射到单缝 AB 上,若屏上 P 点为第二级暗纹,则 BC 的长度为_____,此时单缝处波阵面可分为_____个半波带。若将单缝宽度缩小一半,则 P 点将是第_____级_____纹。

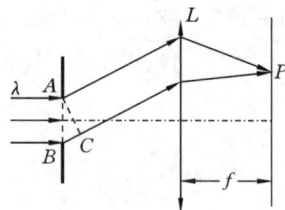

13-T18 单缝缝宽 $a=0.5$ mm,聚焦透镜的焦距 $f=50.0$ cm,波长为 $\lambda=650.0$ nm 的单色平行光垂直入射。求第一级极小和第一级极大在屏幕上的位置(即分别与中央的距离)。

13-T19 一束单色光自远处射来,垂直投射到宽度 $a=6.00\times10^{-1}$ mm 的狭缝后,并射在距缝 $D=4.00\times10$ cm 的屏上,距中央明纹中心距离为 $y=1.40$ mm 处是明纹。求:(1)入射光的波长;(2) $y=1.40$ mm 处的条纹级数 k;(3)根据所求得的条纹级数 k,计算出此光波在狭缝处的波阵面可作半波波带的数目。

13-T20　双缝衍射实验中,保持双缝中心距离不变,把两条缝的宽度略微加宽,则单缝衍射中央主极大宽度将＿＿＿＿＿＿＿,其中所包含的干涉条纹数目将＿＿＿＿＿＿＿。

13-T21　入射光波长 $\lambda=550$ nm,垂直投射到双缝上,缝间距 $d=0.15$ mm,缝宽 $a=0.30\times10^{-1}$ mm。问在单缝衍射中央主极大包线内有几条完整的条纹? 又问中央包线内一侧的第三条纹强度与中央条纹强度的比值是多大?

13-T22　一缝间距 $d=0.1$ mm、缝宽 $a=0.02$ mm 的双缝,用平行单色光垂直入射。问:(1)单缝衍射中央亮条纹的宽度内有几条干涉主极大条纹? (2)在该双缝的中间再开一条相同的单缝,中央亮条纹的宽度内又有几条干涉主极大条纹?

13-T23　波长为 600 nm 的单色光正入射于每毫米 500 条刻痕的光栅上，求其第二级明条纹的衍射角。

13-T24　某元素的特征光谱中含有波长分别为 $\lambda_1 = 450$ nm 和 $\lambda_2 = 750$ nm 的光谱线。在光栅光谱中，这两种波长的谱线有重叠现象，求重叠处 λ_2 谱线的级数。

13-T25　从光源射出的光束垂直照射到衍射光栅上，若波长为 $\lambda_1 = 656.3$ nm 和 $\lambda_2 = 410.2$ nm 的两光线的最大值在 $\theta = 41°$ 处重叠。求衍射光栅常数。

13-T26　波长为 600 nm 的单色光垂直入射在一光栅上，第二、第三级条纹分别出现在 $\sin\theta = 0.20$ 与 $\sin\theta = 0.30$ 处，第四级缺级。求：(1)光栅常数；(2)狭缝宽度；(3)按上述选定的 a、b 值，在整个衍射范围内，实际呈现主极大的全部级数。

13-T27 用晶格常数等于 3.029×10^{-10} m 的方解石来分析 X 射线的光谱,发现入射光与晶面的夹角 θ 为 $43°20'$ 和 $40°42'$ 时,各有一条主极大的谱线。求这两谱线的波长。

13-T28 在一块晶体表面投射以单色的 X 射线,第一级的布喇格衍射角 $\theta = 3.4°$,问第二级反射出现在什么角度上?

13-T29　在地面上空 160 km 处绕地飞行的卫星，具有焦距 2.4 m 的透镜，它对地面物体的最小分辨距离是 0.36 m。试问：如果只考虑衍射效应，该透镜的有效直径应为多大？（设光波波长为 $\lambda=$ 550 nm。）

13-T30　经测定，通常情况下人眼的最小分辨角 θ_R 等于 2.20×10^{-4} rad。如果纱窗上两根细丝之间的距离为 2.00 mm，求人眼能分辨得清的最远距离。

13-T31　一束光是由线偏振光与自然光混合组成的,当它通过一理想偏振片时,发现透射的光强随着偏振片偏振化方向旋转而出现 5 倍的变化,求此光束中两光各占几分之几。

13-T32　光强度为 I_0 的自然光投射到一组偏振片上,它们的偏振化方向的夹角是:P_2 与 P_3 为 $30°$、P_2 与 P_1 为 $60°$。问:视场区的光强为多大? 将 P_2 拿掉后又是多大?

13-T33　将点与短线画在图中反射线与折射线上,以表明它们的偏振状态,图中的 i_0 为起偏振角,$i\neq i_0$。

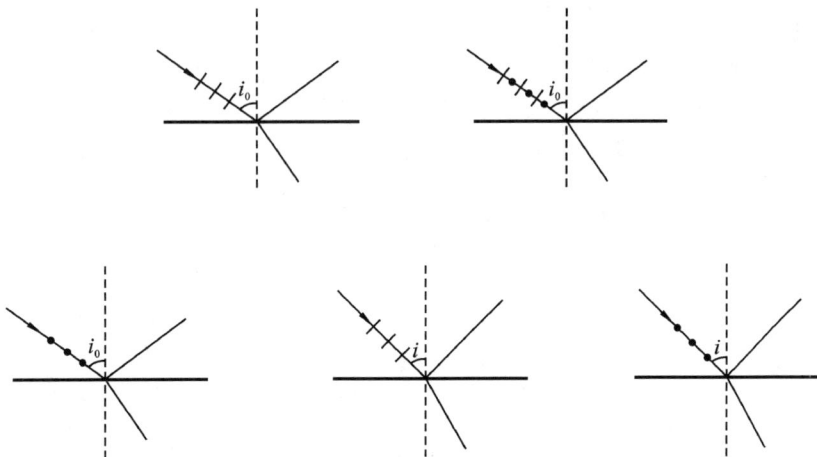

13-T34　一块折射率为 1.517 的玻璃片,如图所示放在折射率为 1.333 的水中,并与水平面成 θ 夹角,要使在水平面与玻璃面上反射的都是完全偏振光,那么 θ 的值为多大?

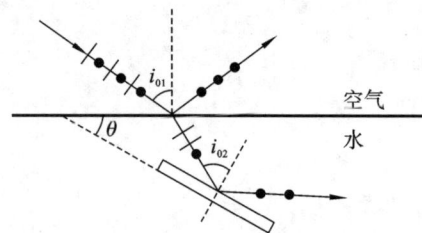

13-T35　用一块偏振片和一块 $\frac{\lambda}{4}$ 波片如何鉴别自然光、部分偏振光、线偏振光、圆偏振光与椭圆偏振光?

14-T1   为了解释黑体辐射的实验规律，普朗克提出了什么假设？这个假设与经典物理学的观点相符吗？

14-T2   试用能量守恒定律、动量守恒定律证明：一个自由电子不能一次完全吸收一个光子。

14-T3　求红色光($\lambda = 7 \times 10^{-7}$ m)、X 射线($\lambda = 2.5 \times 10^{-11}$ m)、γ 射线($\lambda = 1.24 \times 10^{-12}$ m)的光子的能量、动量和质量。

14-T4　已知 X 射线的能量为 0.60 MeV，在康普顿散射之后，波长变化了 20%，求反冲电子增加的能量。

14-T5　康普顿散射中，入射光子的波长为 3.0×10^{-12} m，反冲电子的速度为光速的 60%，求散射光子的波长及散射角。

14-T6　如果氢原子中的电子从第 n 轨道跃迁到第 $k=2$ 轨道，所发出光的波长为 $\lambda = 487$ nm，试确定第 n 轨道的半径。

14-T7 如有一电子，远离质子时的速度为 $1.875 \times 10^6 \ \mathrm{m \cdot s^{-1}}$，现为质子所捕获，放出一个光子而形成氢原子。如果在氢原子中电子处于第一玻尔轨道，求放出光子的频率。

15-T1　已知 α 粒子的静质量为 6.68×10^{-27} kg，求速率为 5000 km·s^{-1} 的 α 粒子的德布罗意波长。

15-T2　求下列情况下中子的德布罗意波长。

(1)被温度为 3 K 的液氮冷冻着的、动能等于 $\frac{3}{2}kT$ 的中子；

(2)室温(取 $T = 300$ K)下的中子(称热中子，中子质量为 $m_n = 1.67 \times 10^{-27}$ kg)。

15-T3　若电子和光子的波长均为 0.20 nm，则它们的动量和动能各为多少？

15-T4　铀核的线度为 7.2×10^{-15} m。根据不确定关系估算：

(1)核中的 α 粒子($m_{\alpha}=6.7\times10^{-27}$ kg)的动量值和动能值各约是多少？

(2)一个电子($m_{e}=9.11\times10^{-31}$ kg)在核中的动能的最小值约是多少 MeV？

15-T5　氦氖激光器所发出的红光波长 $\lambda = 632.8$ nm，谱线宽度 $\Delta\lambda = 10^{-9}$ nm，试求该光子沿运动方向的位置不确定量（即波列长度）。

15-T6　利用不确定关系式 $\Delta x \cdot \Delta p \geqslant \hbar$ 估算氢原子基态的结合能和第一玻尔半径。（提示：写出总能量的正确表达式，然后，利用不确定关系式分析使能量为最小的条件。）

15-T7 已知粒子在一维矩形无限深势阱中运动，其波函数为

$$\psi(x) = A\sin\frac{3\pi x}{a}, \quad 0 \leqslant x \leqslant a$$

试求：(1)归一化常数 A 和归一化波函数；(2)该粒子位置坐标的概率分布函数（即概率密度）；(3)在何处找到粒子的概率最大。

15-T8 一维无限深势阱中，粒子的定态波函数为

$$\psi(x) = \sqrt{\frac{2}{a}}\sin\frac{\pi x}{a}, \quad 0 \leqslant x \leqslant a$$

试求在 $x = 0$ 到 $x = \frac{a}{3}$ 之间找到粒子的概率。

15-T9　在线度为 1.0×10^{-5} m 的细胞中有许多质量为 $m=1.0\times10^{-17}$ kg 的生物粒子,若将生物粒子作为微观粒子处理,试估算该粒子的 $n=100$ 和 $n=101$ 的能级和能级差。

15-T10　在一维无限深势阱中运动的粒子,由于边界条件的限制,势阱宽度 a 必须等于德布罗意半波长的整数倍。试利用这一条件导出能量公式:

$$E_n=\frac{h^2}{8ma^2}n^2 \quad (n=1,2,3,\cdots)$$

15-T11 一个粒子沿 x 轴正方向运动,可以用波函数 $\psi(x)=\dfrac{C}{1+\mathrm{i}x}$ 描述。(1)由归一化条件定出常数 C;(2)求概率密度函数;(3)什么地方出现粒子的概率最大?

15-T12 氢原子的径向波函数 $R(r)=A\mathrm{e}^{-\frac{r}{a_0}}$,式中,$a_0$ 为玻尔半径,A 为常数。求 r 为何值时电子径向概率密度最大。

15-T13　证明：氢原子 2p 和 3d 态径向概率密度的最大值分别位于距核 $4a_0$ 和 $9a_0$ 处，其中 a_0 为玻尔半径。（2p 和 3d 态的径向波函数请在教材中自行查找。）

15-T14　氢原子中的电子处于 $n=4, l=3$ 的状态。问：(1)该电子角动量 L 的值为多少？(2)该电子角动量 L 在 z 轴的分量有哪些可能的值？(3)该电子角动量 L 与 z 轴的夹角的可能值为多少？

15-T15 下列关于泡利原理说法正确的是

（A）自旋为整数的粒子不能处于同一态

（B）自旋为整数的粒子能处于同一态

（C）自旋为半整数的粒子能处于同一态

（D）自旋为半整数的粒子不能处于同一态

答案[   ]

15-T16 试求 d 支壳层最多能容纳的电子数，并按格式 (m_l, m_s) 写出这些电子的 m_l 和 m_s 值。

16-T1   试从绝缘体和半导体的能带结构来分析它们的导电性能的区别。

16-T2   太阳能电池中，本征半导体锗的禁带宽度是 0.67 eV，求它能吸收的最大辐射波长。

16-T3 什么是粒子数反转？实现粒子数反转的必要条件是什么？

16-T4 激光器的主要组成部分有哪些？光学谐振腔的作用是什么？

17-T1　有两种放射性核素 A、B，它们的半衰期分别为 2 小时和 6 小时，若开始时 A 的放射强度是 B 的放射强度的 16 倍，则经过多少时间后它们的放射强度相等？

17-T2　若某放射性核素的半衰期为 30 年，求其放射性活度减为原来的 12.5% 所需要的时间。

17-T3　^{14}C 的放射性测量是古生物样本年龄科学断代的准确方法。已知 ^{14}C 的半衰期为 5730 年，现有一古生物样本的放射性活度为 1.0×10^2 Bq；若推算该样本当年在大气中活着时的 ^{14}C 放射性活度为 4.0×10^2 Bq，求该生物样本的年龄。

17-T4　请说明放射性活度的单位有哪些，分别是怎么定义的。